AF346955

Charles Mourain de Sourdeval

Né à Nantes le 23 octobre 1800.

Juge au tribunal de Tours en avril 1830,

Chevalier de la légion d'honneur
le 4 septembre 1849,

Membre du conseil-général
de la Vendée en 1853,

Ch. de Sourdeval

HISTOIRE

CRITIQUE ET RAISONNÉE

DE LA

PRODUCTION CHEVALINE

SUR

L'HERBAGE DE SAINT-GERVAIS (VENDÉE).

II

Race bovine du Bocage de la Basse Vendée.

III

L'étoffe et le sang.

IV

Production du Cheval chez les Anciens.

V

Méditations hippologiques

HISTOIRE

Critique et Raisonnée

DE

LA PRODUCTION CHEVALINE

SUR

L'HERBAGE DE SAINT-GERVAIS (VENDÉE).

PAR CH. DE SOURDEVAL.

PARIS,

AU BUREAU DU JOURNAL DES HARAS,

PLACE DE LA MADELEINE, 8.

1855

Paris. — Imprimerie Simon Raçon et C°, rue d'Erfurth, 1.

HISTOIRE CRITIQUE ET RAISONNÉE

DE

LA PRODUCTION CHEVALINE

SUR

L'HERBAGE DE SAINT-GERVAIS (1)

I

Description de l'herbage.

L'herbage connu sous le nom de marais de Saint-Gervais s'étend sur le littoral, depuis Saint-Gilles-sur-Vie, dans le département de la Vendée, jusqu'à Bourgneuf-en-Retz, dans celui de la Loire-Inférieure. Sa longueur est d'environ quarante-cinq kilomètres, sa largeur moyenne de douze. De Saint-Gilles à Beauvoir, il est séparé de l'Océan par de hautes dunes de sable qui, s'étendant en fer à cheval, formaient jadis les îles de Rié et de Monts, et enfermaient une vaste baie que les progrès de l'alluvion ont permis de convertir aujourd'hui en prairies. De Beauvoir à Bourgneuf, un simple rempart de digues artificielles protège contre les hautes marées un terrain assez récemment sorti des eaux, mais désormais acquis au continent. La partie abritée par les dunes offre plus de fraîcheur, plus de verdure ; les maisons y sont entourées de bosquets d'ormes, de saules, de tamaris, mais le terrain y est plus humide et l'atmosphère plus molle. Dans la partie défendue par les digues,

---

(1) Cet ouvrage a été couronné par la Société d'encouragement pour l'Industrie nationale, dans la séance du 5 mars 1853.

le vent de mer a plus de prise, l'eau salée pénètre dans tous les canaux, la température est plus âpre, plus saline ; nulle végétation arborescente n'y protége les habitations. L'herbe pousse moins haute et moins abondante que dans l'autre partie, mais elle est plus succulente, plus tonique : c'est avec elle surtout que l'on engraisse, au printemps, le bétail de la contrée ; c'est avec elle aussi que l'on produit les chevaux les meilleurs et les plus distingués. L'une et l'autre partie du Marais est traversée par des canaux qui versent dans la mer, par des écluses à portes busquées, le trop-plein des eaux pluviales provenant ou des coteaux voisins ou de la surface même des prairies. Un vaste réseau de fossés remplis d'eau, ici douce, là saumâtre ou tout à fait salée, divise les terres, les prairies, en parquets de un à deux hectares, et présente au bétail qui y est renfermé un obstacle qu'il n'entreprend pas de franchir ; précieuse clôture, qui ne laisse presque jamais d'accidents à regretter.

Les herbes de ces prairies offrent, en première ligne, des graminées, et particulièrement des agrostis ; on y trouve aussi des légumineuses, telles que la luzerne sauvage, les trèfles rose et blanc ; la lupuline surtout y couvre de fréquents espaces de son épaisse et savoureuse fourrure. De ce marais, les parties très-basses seulement se couvrent d'eau pendant l'hiver ; mais, en général, les étés secs lui causent plus de mal que les pluies d'hiver. Quant aux pluies d'été, elles ne sauraient jamais être trop abondantes. Elles n'y seraient pas si nécessaires si ces surfaces d'alluvion puissante étaient un peu plus cultivées par la main de l'homme ; mais, à part les canaux d'enceinte et d'écoulement, qui, seuls, sont un objet de travail et d'entretien, le sol est complétement abandonné à la nature. Jamais il ne reçoit ni engrais, ni labours, ni hersages, et, vu la rareté du bois, on dépouille même les prairies de cet engrais naturel que laisse après lui le bétail : il sert de chauffage ici comme en Égypte.

Le sol se compose d'une alluvion marine argileuse, épaisse d'un mètre et quelquefois de deux. Au-dessous se trouve généralement un banc de gravier, et celui-ci paraît être superposé à une roche de grès vert qui encadre le marais tout entier et se prolonge, au loin, sous la mer. Cette roche est elle-même encaissée, du côté de la terre, en des collines de schiste dont les nombreux promontoires alternent, soit avec la plaine siliceuse, soit avec la verte prairie du marais. Saint-Gervais, bâti sur le plus avancé de ces promontoires, se trouve être le point le plus central de la région herbagère, et, avant l'établissement des routes, il en était le lieu le plus abordable. De là la grande renommée de sa foire, et de là l'usage d'attribuer à toute la race chevaline le nom de ce village.

« Les principales foires de ce canton, » écrivait M. de Maupeau d'Abléges, intendant de Poitou, dans un mémoire adressé au roi en 1698, et résumé par le comte de Boulainvilliers dans son *État de la France*, « se tiennent à Saint-Gervais, à la Lande et à Soullans. Il se vend aux unes et aux autres quantité de chevaux aux marchands de toute la France, des bœufs gras pour Paris et des maigres pour faire engraisser en différents lieux, même jusqu'en Normandie. »

Deux communes seulement, qui jadis étaient des îles, sont totalement enclavées dans le marais, Bouin et le Perrier. Les autres clochers, fort nombreux, qui étendent leur patronage sur cette plaine fertile, sont tous bâtis sur la rive. Les métairies ont été disposées dans le même système que les paroisses: autant que possible, elles ont été construites sur les rives, et elles possèdent une partie de leurs terres sur le sol primitif, une partie dans l'alluvion. Mais l'intérieur même du marais est occupé par des fermes établies en pleine alluvion. Les plus considérables ont de quarante à cinquante hectares, beaucoup ont moins; il en est enfin qui en ont à peine dix. Quelques points, plus élevés que les autres, et garantis de l'inondation hivernale par de petites chaussées, sont cultivés en céréales et donnent, sans fumure, de merveilleuses récoltes; le reste ne peut être exploité qu'en prairies.

Un autre marais, dont la petite ville de Luçon est le centre du commerce agricole, contient, dans le sud de la Vendée, une surface au moins égale à celui de Saint-Gervais; il se prolonge, en outre, dans les Deux-Sèvres. Il se compose également d'une alluvion marine argileuse, superposée au grès vert; il est de même encaissé dans des collines de schiste. On dit toutefois qu'une couche de glaise, à la place de la couche de gravier, rend son sol moins avantageux que celui du marais septentrional. Son exploitation est moins ancienne ; ses principaux travaux de desséchement datent du dix-septième siècle. Il est moins peuplé, moins divisé ; ses fermes sont plus vastes et louées moins cher proportionnellement. Leurs constructions, quoique mieux traitées que celles de l'autre marais, ne sont jamais suffisantes, eu égard à l'étendue de la ferme, pour offrir une retraite complète au bétail pendant l'hiver. Aussi, à part les bœufs d'engrais, les vaches laitières, les juments pleines, tout le reste passe-t-il l'hiver sur le carré des prairies.

On ne doit pas s'effrayer du nom de marais que portent ces vastes plaines. Leur sol, convenablement desséché, l'épaisseur et la vigueur de la couche végétale, la qualité tonique d'herbes formées sous les effluves salines de la mer ; tout concourt à donner à ces pâturages une qualité merveilleuse pour la production et la prospérité des races bovine et chevaline. Ces marais ressemblent parfaitement à ceux du Holstein, où s'élève de temps immémorial une race estimée, et tels que les décrit M. Riquet dans son voyage hippique au nord de l'Allemagne. « La Marche du Holstein, dit M. Riquet, est principalement formée de vastes, de riches et précieux pâturages, coupés de fossés larges et profonds, pleins d'eau, qui divisent le sol en carrés de la contenance d'un à deux journaux chacun. Pour passer de l'un de ces parquets dans les autres, on franchit les fossés à l'aide d'une grande perche. Dans ces immenses prairies fourmillent des milliers de chevaux et de bêtes bovines. » Il suffit d'effacer de ce passage les mots : *Marche du Holstein*, pour y substituer ceux-ci : *Marais de la Vendée*, et l'on aura une exactitude égale de description.

Nos herbages remplissent enfin admirablement les conditions voulues par Columelle. « Pour la production du cheval, dit ce grand agronome de l'antiquité, il faut choisir des pâturages étendus et marécageux, non montagneux ; bien arrosés et jamais secs ; ouverts plutôt qu'ombragés, fertiles en herbes tendres plus que hautes (1). » Voilà bien nos conditions. Nos

---

(1) Spaciosa et palustria, nec montana pascua eligenda sunt, rigua, nec unquam siccanea ; vacuaque magis quam stupibus impedita ; frequenter mollibus potiusque proceris herbis abundantia.

herbes sont plutôt savoureuses et toniques qu'elles ne sont hautes ni abondantes. La brise de mer qui parcourt librement la vaste surface leur donne de la qualité sans leur laisser prendre un grand accroissement ; cette brise permet aussi au bétail et aux chevaux de stationner à toute heure, et presque en toute saison, sur la prairie, parce qu'elle entretient la fraîcheur de l'air sous le soleil le plus ardent, garantit le bétail de ces variations de température, si funestes dans les vallées ombreuses ; enfin chasse, en grande partie, les insectes importuns.

Une race bovine d'ample charpente, médiocrement musclée, d'un tempérament rustique, d'un tissu élastique qui se prête merveilleusement à supporter la misère ou à profiter de tous les avantages des saisons, forme la principale richesse de la contrée. Viennent ensuite les chevaux, dans la proportion d'une tête chevaline contre cinq ou six bêtes à cornes. Si, comme l'a dit M. Gauja, préfet de la Vendée, dans son rapport au conseil général, en 1844, relativement au projet d'établir le dépôt actuel d'étalons à Napoléon, le nombre des poulinières du département de la Vendée est de quinze mille, l'herbage de Saint-Gervais peut en réclamer pour lui au moins le tiers. Ce sont donc environ cinq mille poulinières qu'on peut attribuer à la prairie qui s'étend de Saint-Gilles à Bourgneuf. Dans ce pays, où la surface en prairie l'emporte de beaucoup sur la surface arable, le bétail a peu de travaux à faire ; aussi l'herbe naturelle lui offre-t-elle une nourriture suffisante. Il ne serait pas aisé, d'ailleurs, d'y ajouter un supplément, vu la difficulté de varier les cultures. Le bœuf s'engraisse donc en plein air avec le gramen du printemps, et se vend au mois de juin. Le cheval se nourrit, de même, des simples dons de la nature, et, autant que possible, se vend à l'époque de l'année où la saison lui donne le plus de lustre, à la foire de Saint-Gervais.

Cette foire, qui se tient le 11 juin pour les chevaux, et le 12 pour les bœufs, passe pour être fixée à point si juste, que, huit jours plus tôt, le bétail, dit-on, n'est pas encore mûr, et que, huit jours après, il est trop mûr.

II

Régime d'un haras.

L'habitant de nos marais, bouvier de son état, laisse beaucoup à désirer dans le soin qu'il donne à ses chevaux. Pour lui, ces animaux sont un bétail et non des compagnons de labeur. Il exige peu d'eux, et leur donne peu ; mais, du moins, il les traite avec une douceur constante. Remarquons bien que c'est parce qu'il est bouvier et non charretier qu'il consent à élever des chevaux de race noble. S'il lui fallait employer ses élèves à sa charrue, à ses véhicules, il formerait infailliblement des chevaux de trait comme dans toute la zone septentrionale de la France, dont il occupe la limite.

Chaque ferme ou métairie contient, selon son importance, de une à quatre juments poulinières. Ce dernier nombre suppose, avec les suites, neuf ou dix têtes chevalines. Le cheval étant éminemment précoce sur ces prairies, une pouliche est conduite à l'étalon dès l'âge de deux ans. On ferait incontestablement mieux, dans l'intérêt de la race, d'attendre un an plus tard ; mais l'usage et l'intérêt pécuniaire se réunissent pour que ce mode défectueux ne puisse être changé. La pouliche de deux ans, mise aux haras, représente une valeur moyenne de trois ou quatre cents francs. Elle donne deux ou trois poulains ; puis, à l'âge de six ans, lorsqu'elle a atteint l'apogée de sa valeur vénale, elle est vendue au commerce ou à la remonte pour une somme de six à huit cents francs. Par ce procédé, la poulinière ne subit aucune dépréciation de valeur commerciale pendant sa carrière ; elle acquiert même chaque année un accroissement de prix qui peut être réputé égal, ou peu s'en faut, aux frais de sa consommation. Le poulain sort ainsi d'une valeur neutre. Quand tout va bien, on peut dire qu'il n'a rien coûté avant sa naissance, si ce n'est le modique prix de la saillie. On ne saurait, du reste, réduire trop les frais pour arriver à un résultat passable au point de vue financier. La poulinière ne gagnant pas, ici, sa nourriture par le travail, il est très-heureux qu'elle puisse la gagner par la plus value de son individu.

La mère, ainsi choisie, est conduite à l'étalon dans le mois d'avril, quelques jours après sa sortie de l'écurie, et lorsqu'elle commence à être rafraîchie par la pointe de l'herbe. L'usage est de ramener indéfiniment les juments à l'étalon tant qu'elles ne le refusent pas, depuis l'équinoxe du printemps jusqu'au solstice. Remarquons que cette saison de la monte est précisément la même que chez les Romains, au rapport de Columelle; elle est, en effet, la plus favorable pour coïncider avec les facultés de l'herbage, puisque le poulain, qui vient au monde onze mois et quelques jours après la conception, arrive par la plus douce température et au moment où la saison promet le plus de lait à sa mère. Lors, au contraire, que la poulinière est constamment nourrie à l'écurie, comme dans l'Artois ou le Perche, des considérations locales peuvent déterminer le choix d'une autre saison pour la monte et pour la naissance, et l'on adopte ordinairement le milieu de l'hiver, époque où les juments sont moins occupées par les travaux de l'agriculture; mais pour la cavale au pâturage, il n'est pas de meilleure saison que le mois d'avril.

Grâce à ces circonstances diverses, ou grâce à la nature de notre herbage, il paraît bien certain que le nombre des fécondations et des naissances dépasse ici les proportions ordinaires. Dans les pays où les juments travaillent et sont assujetties à ne recevoir l'étalon que quand celui-ci vient à passer *en roulant*, à peine peut-on compter une gestation sur trois ou quatre saillies. A Saint-Gervais, au contraire, les deux tiers et même les trois quarts des saillies sont fécondantes. La jument est ramenée à son pâturage, où elle se trouve en compagnie d'une ou deux autres poulinières ou pouliches, et souvent avec un certain nombre de bêtes à cornes. Ces deux sortes d'habitants de la prairie forment ordinairement deux bandes distinctes qui ne se mêlent pas; tandis que l'une occupe un bout du pré, l'autre recherche l'extrémité opposée. Ce concours d'animaux divers n'occasionne ainsi aucun accident; il est même favorable pour la parfaite exploitation de l'herbage; chacune de ces espèces recherchant souvent une nature d'herbe dont l'autre est peu friande. La jument vit ainsi sur la prairie sans être rentrée de toute la saison. Elle est seulement changée de parquet pour être conduite d'un pré trop rasé dans un autre où l'herbe est reposée. Plus l'année est pluvieuse, mieux le bétail s'en trouve. Dans les années sèches, au contraire, la ration reste un peu exiguë vers les mois d'août. Il est vraiment difficile de remédier à cela, aucune irrigation n'étant possible sur cette surface plate, faute de réservoirs supérieurs. Du reste, la souffrance n'est jamais longue ni bien grande. Les pluies de l'automne viennent bientôt exciter un regain qui renouvelle en partie les bienfaits du printemps. Les chevaux sont donc en assez bon état lorsqu'ils rentrent à l'écurie dans le courant de décembre.

C'est à l'écurie que nos chevaux passent le plus mauvais temps. Celle-ci est un simple hangar fermé par des murs de trois côtés, mais complétement ouvert au midi. Le grand air, qui y pénètre ainsi librement, est, dit-on, favorable aux poulinières ; en tout cas, il me paraît utile pour corriger les funestes effets du défaut de pansage et d'exercice. Si l'écurie est un abri contre la rude température de janvier et de février, elle est, en revanche, un véritable *carcere duro* pour nos pauvres chevaux, qui y vivent presque aussi abandonnés que sur la prairie. Ils y maigrissent faute de soins et de ration suffisante, leurs jambes s'engorgent, leur poil d'ours se charge de poussière, de graines de foin et autres immondices.

Au pacage, il est impossible d'apprécier avec quelque certitude si la jument est pleine, quelque extension que prenne son abdomen. Au moment de l'entrée à l'écurie, au contraire, la situation se dessine clairement en moins d'une semaine. D'abord, en apposant la main à plat sous le ventre, en avant des mamelles, on peut sentir le poulain remuer ; mais un indice plus décisif encore, c'est que la jument pleine conserve, au maigre régime de l'écurie, son flanc et son embonpoint ; tandis que, si elle est vide, son ventre, qui a été distendu par l'effet du pacage humide de l'automne, se réduit à vue d'œil, et ne laisse plus qu'une bête efflanquée à la place d'une poulinière.

On ne peut donc plaindre nos malheureux captifs lorsqu'ils sont mis dehors dès la fin de mars, quelle que soit l'inclémence de la saison et la stérile humidité de la prairie. Le jeune cheval arrive à son pacage maigre et engourdi, portant encore l'épaisse fourrure dont la nature prévoyante l'a doté sous l'action des frimas d'automne ; mais, patience ! ce chétif animal,

dont aujourd'hui vos regards se détournent avec pitié, sera
demain en possession de toutes les faveurs de la fortune :
c'est Ulysse, en haillons, à la veille de rentrer dans son pa-
lais. Déjà, en effet, sous l'influence d'avril et de l'herbe savoureuse, l'horrible bourre qui le couvre cesse d'être adhé-
rente ; le jeune coursier l'arrache avec ses dents par larges
bandes, et la rejette au loin comme un importun déguisement.
Son corps atrophié s'arrondit et se relève à vue d'œil, ses
jambes et son encolure reprennent une action décidée ; ses
yeux, ses naseaux, ses oreilles, tous ses mouvements sont
pleins de vie ; enfin, une robe nouvelle et soyeuse s'étend sur
ce cuir récemment dépouillé, et étale aux rayons du soleil des
reflets ondoyants.

Dans les marais de Luçon et de Rochefort, où les poulains
hivernent sans nul abri sur la prairie, on prétend que ce sont
les jeunes chevaux les plus amaigris, les plus abattus par l'in-
clémente température, qui, au printemps, se reprennent plus
vite et le plus complétement. Mais Dieu nous garde d'une telle
méthode pour préparer le bien-être et la belle apparence d'un
cheval !

Les juments pleines restent quelques jours de plus à l'écurie,
et, quand on les envoie à la prairie, des précautions sont prises
pour les garantir des gelées blanches qui pourraient les faire
avorter. Lorsque le moment du part est venu, on surveille de
près la cavale, mais on la laisse accoucher sur le pâturage ; on
l'aide au besoin. Bientôt après elle se relève et se met à paître.
Son poulain, debout presque aussitôt qu'elle, se range près
de la mère, la suit partout sans la quitter d'un pas, et décou-
vre en moins d'une heure comment il doit teter.

Il profite rapidement sur la prairie ; sa mère est une laitière merveilleuse ; quelques-uns croient qu'elle a autant de
lait que deux vaches, et cela n'est pas peu dire ; car une vache du pays produit, en bonne saison, au delà de vingt litres
de lait. Ce qui a donné lieu à cette appréciation, sans doute
exagérée, c'est qu'on a remarqué qu'un poulain qui perd sa
mère est imparfaitement nourri par le lait d'une seule vache ;
qu'il lui faut celui de deux vaches pour qu'il prenne son accroissement normal.

Le régime de ces prairies, au printemps surtout, est tellement favorable au cheval, que les vétérinaires les plus habiles le préfèrent à tous les soins donnés dans l'écurie pour guérir les opérations chirurgicales ; la castration s'y fait avec un succès infaillible ; les plaies occasionnées par le travail ou les accidents se cicatrisent avec une facilité sans égale ; la fluxion périodique, sans être inconnue, est relativement très-rare, et n'est pas, sur ces plaines ouvertes, un effet habituel de la pernoctation, comme la chose a lieu dans les vallées étroites ou ombragées.

Outre les avantages que le poulain tire du climat, du lait maternel et de l'herbage, des observateurs ont pensé que la nature des eaux dormantes, provenant de la pluie, conservées dans les réservoirs argileux où elles sont échauffées par le soleil et rendues onctueuses par la végétation des hydrophites, contribue encore à faire prospérer le jeune animal. Au bout de la saison herbagère, c'est-à-dire au mois de décembre, le poulain a pris un notable accroissement. Mais il importe de remarquer que moins le poulain a de sang, plus il profite, et *vice versa* ; que l'antique race du pays fournit les sujets qui se développent le plus, sauf à laisser regretter une nature un peu molle et lymphatique ; que les poulains de sang ont un tissu plus condensé et plus difficile à faire épanouir ; que, si le poulain, qui doit beaucoup de sang à son père, n'est pas issu d'une mère bien corsée, bien acclimatée, bien rustique, il prospère peu et se développe tardivement.

On voit, au contraire, de petites juments bretonnes, importées pour servir de monture aux fermiers, produire, en raison de leur rusticité, des poulains qui arrivent à peser un tiers de plus que leur mère, et qui prennent leur plus grand accroissement dès la première année. Cette race bâtarde, ainsi que la vieille souche, a acquis, à peu près, toute sa taille dès l'âge de dix-huit mois.

Au mois de décembre, le poulain, âgé de huit à neuf mois, reçoit pour la première fois un licou ; il est attaché à l'écurie, où, comme nous l'avons dit, il passe assez mal son temps.

Cependant, depuis quelques années, plusieurs fermiers, cédant aux conseils des officiers des haras, ont commencé de faire manger à leurs jeunes chevaux, sinon de l'avoine, que le pays ne fournit pas, au moins de l'orge, qu'il produit en abondance et de bonne qualité. Puis, lorsque la disposition des lieux le permet, les poulains sont détachés pendant le jour et envoyés rôder autour de la maison, sorte d'exercice qui leur est éminemment salutaire à défaut de pansage. Le poulain et la pouliche d'un an, qu'on appelle *antenais* en Normandie, et *noges* en Vendée, passent l'été sur un carré de prairie; à deux ans, le mâle est vendu; la femelle est mise au haras jusqu'à six ans, puis vendue et remplacée par sa fille ou par toute autre pouliche de deux ans.

Tel est le régime, telle est la rotation d'un haras dans nos herbages. La nature, comme on voit, y fait tout pour la nourriture, le soin, l'hygiène, et la nature est ici d'une puissance remarquable; si elle était quelque peu aidée, ses résultats, tout satisfaisants qu'ils sont, seraient encore surpassés de beaucoup. Le seul soin que prenne l'éleveur, c'est le choix des alliances. Ces choix sont, en général, assez bien raisonnés; on y sait que, pour bien faire, il faut une base rustique, corsée, étoffée; que sur cette base on peut édifier un assez haut degré de distinction.

Le prix de revient d'un poulain, à deux ans, âge de sa vente, peut être établi ainsi qu'il suit:

1° La jument poulinière prenant de l'accroissement dans la valeur qui lui est propre, pendant son service au haras, entre l'âge de deux et celui de six ans, il faut la compter pour très-peu de chose dans le déboursé. Nous en ferons un simple abonnement, pour chaque poulain, à cinquante francs, ci. . . . . 50 fr.

2° Saillie. 6

3° Herbage du poulain, confondu avec celui de la mère, pour la première année, et mis, l'un portant l'autre, pour ce qui concerne le poulain, au prix usuel de la pension herbagère d'une tête de bétail bovine ou chevaline. 50

4° Premier hiver, un millier et demi de foin. . 30

5° Herbage de l'*antenais* ou *noge*. 50

6° Deuxième hiver, deux milliers de foin. . . . 40

7° Herbage du troisième printemps jusqu'au mois de juin 30

Total. . . . . 256 fr.

Voilà le prix auquel l'éleveur le plus routinier fabrique un poulain de deux ans; il ne lui donne ni son ni avoine. Si, à ce canevas si simple, on ajoute quatre ou cinq litres d'avoine pendant chaque jour des deux hivers que le poulain passe à l'écurie, ce qui ferait un surplus de dépense d'une soixantaine de francs, et si on lui donne chaque jour un léger pansage, on le trouvera avoir élevé, pour trois cent vingt ou trois cent-cinquante francs, un cheval aux muscles pleins et fermes, à la constitution la plus robuste. Le prix de vente est de cinq à six cents francs, ainsi que nous le dirons plus loin.

III

Historique de la race.

Cette race s'est renouvelée tant de fois, elle a passé par diverses métamorphoses si complètes, sans changer de régime et par le seul effet des croisements, que peu de contrées chevalines pourraient présenter autant d'intérêt dans leur étude.

Il est bon de faire observer, d'abord, que le sol du marais a subi lui-même des variations qui ne sont pas sans concordance avec les phases de la race chevaline. Ce marais, que Bassompierre, au temps de l'expédition de Louis XIII contre Soubise, chef des huguenots, en 1622, représente comme sillonné de lagunes et divisé en îlots vaseux que les flots de la mer venaient assiéger à chaque marée, a commencé d'être desséché de temps immémorial; mais il n'a été définitivement garanti de l'invasion de la mer et du séjour des eaux pluviales qu'à une époque assez récente. D'anciens travaux, qui avaient été faits, étaient en partie détruits ou effacés vers le milieu du dernier siècle; l'écoulement des eaux ne se faisait qu'imparfaitement, et de vastes surfaces, noyées toute l'année, restaient peu productives. Vers le milieu du dix-huitième siècle, des sociétés de propriétaires s'organisèrent, et, avec l'aide des ingénieurs de l'Etat, recreusèrent et élargirent les anciens canaux d'écoulement, réglèrent, par des écluses, la communication de ces canaux avec la mer, et entretinrent le tout assez soigueusement. Le sol se dessécha rapidement; aux roseaux, aux joncs, aux herbes aqueuses, succédèrent des herbes plus courtes, plus fines, plus toniques. Il n'eût pas été possible, au commencement du siècle dernier, de faire le cheval d'aujourd'hui, et, de nos jours, il nous serait difficile d'alimenter le cheval du siècle dernier dans ses conditions d'alors.

Nous ne savons à quelle époque le cheval a commencé d'être élevé dans le marais; mais la foire de Saint-Gervais est très-ancienne; la renommée de ses chevaux, comme de ses bœufs, remonte à une date inconnue. Il paraît bien constant que la race primitive était une race de marais, dans l'acception du terme, avec des sabots larges et plats, des formes massives, empâtées, un tissu flasque, un tempérament lymphatique; c'était, en un mot, cette vieille souche mulassière qui est aujourd'hui presque disparue du Poitou, et dont maître Jacques Bujault, le piquant agronome de Challoue, nous a laissé un portrait si original : « La vraie jument mulassière, dit-il, nous vient des marais du bas Poitou; — elle a la patte large, — l'enfergeure courte, — le talon bien sorti, — beaucoup de poil au talon (ce qu'on appelle la moustache), — l'os de la jambe gros, — le jarret large et bas, surtout, — la cuisse charnue, — les hanches larges, — le corps très-court, — la côte longue, — ventre de vache, — un petit ensellé, — le devant bien ouvert, — haute de quatre à neuf pouces à la chaîne. — la tête, le cou, le reste, enfin, n'est indispensable. Figurez-vous une barrique qui a le ventre gros, montée sur quatre soliveaux : c'est la jument mulassière. — Ce n'est pas une belle bête, elle n'est bonne qu'à faire des mules. — Otez le chapeau, sans la jument mulassière, le Poitou ne serait pas le Pérou (1). »

Cette description concorde parfaitement avec les détails qui furent fournis sur l'ancienne race par M. Mourain du Paty, éleveur renommé de son temps, dans un rapport qui lui fut demandé par la préfecture sous le gouvernement consulaire, lorsqu'on songea à rétablir les haras et aussi à refaire la race chevaline du marais, que la guerre civile avait presque détruite. « La race chevaline du marais, dit-il, est courte et ra-

____

(1) Œuvres de Jacques Bujault, *Lettre sur la production des mules.*

2

massée ; elle a la tête grosse et chargée de ganache, l'encolure courte, surmontée d'une épaisse crinière, la croupe large, les jambes fortes, avec beaucoup de crins au fanon, ce qui est fort recherché, et de larges pieds ; elle est généralement sous poil noir. »

Cette souche ne se renouvelait pas au hasard ; elle avait ses étalons de choix, approuvés même par l'administration : ainsi l'atteste une commission de garde-étalon aujourd'hui en notre possession, et qui fut délivrée le 11 mai 1744, au beau-père de l'éleveur ci-dessus nommé, par l'intendant de la généralité de Poitiers, « pour un cheval sous poil noir, âgé de quatre ans, taille de cinq pieds un pouce. »

Telle était l'ancienne race tant regrettée de maître Bujault. « Elle était belle autrefois, s'écrie-t-il dans sa douleur, la v'là dégénérée ; ce maudit haras de Saint-Maixent a tout gâté. Haras maudit ! haras du diable ! etc. » Elle a été *gâtée* par bien d'autres causes que par le haras de Saint-Maixent ; car, sans parler de la guerre vendéenne, qui l'anéantit presque en entier, on peut dire que cette race ne représentait que les produits grossiers d'un marais mal desséché. Les pouliches de deux à trois ans, *si bonnes pour faire des mules*, se vendaient fort peu cher à des marchands de la commune de la Caillère, près Fontenay, qui les distribuaient aux éleveurs de mulets du haut Poitou. Quant aux mâles, qui n'étaient pas, comme leurs sœurs, *bons pour faire des mules*, ils se vendaient, tant bien que mal, à des maquignons du Berri, d'où ils passaient aux modestes fonctions de l'agriculture et de la poste. Cela posé, il est évident que le moindre progrès devait effacer la spécialité mulassière, et c'est ce qui a eu lieu.

Le commencement de cette métamorphose date à peu près de 1778, époque qui coïncide avec celle où les principaux travaux de desséchement et d'assainissement du marais furent terminés. Le gouvernement, ayant fait alors un nouvel effort en faveur de la production chevaline, envoya en Poitou trente étalons, qui furent d'abord réunis à Fontenay, puis placés chez divers particuliers offrant par leur zèle et leur fortune les meilleures garanties de succès. On en confia plusieurs aux abbayes situées dans des centres de production, comme Saint-Michel-en-l'Herm, l'Isle-Chauvet, Orouet, etc. Le marais obtint, pour sa part, cinq ou six de ces étalons, qui furent répartis sur divers points de sa surface; il reçut aussi quelques juments de choix, réformées des écuries du roi, ou de quelques autres services publics. Ces cavales étaient concédées à des éleveurs moyennant la première pouliche, qui ensuite était elle-même donnée à titre de prime, soit au propriétaire chez qui elle était née, soit à tout autre, à la charge de la garder comme poulinière. De si importantes avances ne furent pas perdues, car elles tombaient sur un pays qui avait du ressort. Une race plus distinguée sortit de là, et fut bientôt recherchée des herbagers de la Normandie. Leurs courtiers commencèrent à fréquenter la foire de Saint-Gervais, et celle qui se tenait alors à l'abbaye de la Lande-en-Beauchêne, mais qui, depuis, a été transférée au bourg de Sallertaine. La race du pays se distingua alors en deux nuances, qui, du reste, furent élevées pêle-mêle. On appela *chevaux normands* le premier choix de la race, c'est-à-dire les carrossiers, que l'on forma pour les vendre, âgés de deux ans, aux marchands de Normandie, et *chevaux berrichons*, les chevaux de trait, que l'on continua d'élever pour le Berri. Ceux-ci pouvaient être considérés comme la continuation de la race mulassière. Telle était la situation chevaline au moment où éclata la guerre civile de 1793. Cette époque désastreuse détruisit en grande partie les races d'animaux agricoles alors florissantes dans la contrée. Les poulinières, les poulains, furent enlevés par les deux armées et convertis en chevaux de guerre, en bêtes de somme, et sans doute aussi en mets coriaces. Un seul point eut le bonheur d'échapper à l'invasion : ce fut le marais bas de la commune de Soullans, qui fut tenu dans un état presque continu d'inondation par l'interception des canaux d'écoulement. Les juments du lieu, rassemblées en quelques îlots, n'y furent pas inquiétées, et nombre de voisins s'empressèrent d'y amener celles qu'ils purent sauver des terres envahies. Ainsi fut préservé le seul noyau contenant le germe d'où devait renaître toute la race. Au sortir de la crise, en 1795, un dixième à peine de l'ancienne richesse se retrouva : presque tous les animaux de choix avaient disparu.

Cependant l'éleveur zélé dont nous avons déjà parlé, M. Mourain du Paty, président du district de Challans, ne perdit pas de vue, au milieu de la lutte sanglante, les intérêts agricoles du pays. Il avait amené avec lui, dans l'auberge de Challans, où il s'établit pendant la bourrasque, une de ses poulinières avec un poulain de grande espérance, fils de l'un des étalons royaux, et né au printemps de 1793, au moment même où la guerre éclatait. Ce poulain, qui, sans doute, fut élevé avec soin, malgré la difficulté de la situation, répondit à toute l'attente de son maitre. Il devint un beau cheval bai-brun, puissamment corsé, près de terre, ayant de bons membres, de bons pieds, une tête carrée et bien attachée, une encolure forte, mais assez bien dégagée, la *moustache* au talon. C'était un mulassier, mais avec des formes régulières, élégantes même : c'était par conséquent aussi un bon carrossier. Selon l'usage de la race très-précoce du pays, il commença la monte à peine âgé de deux ans, au printemps de 1795. Il fut pendant longtemps le seul étalon de la contrée, et il devint le régénérateur de toute la race. Quand le pays fut remonté en juments, cet étalon en servit annuellement jusqu'à cent vingt et cent trente, et sa fécondité fut telle, que presque toutes se trouvaient pleines sur leurs fertiles pâturages. Il donna une salutaire impulsion à cette souche privée de ses juments de tête et réduite à des rebuts. Il transmit ses formes et sa force à la plupart des animaux qui naquirent de lui. Ceux-ci, élevés sur des marais, hélas ! trop peu chargés de bétail, prirent un développement qui, aujourd'hui, serait difficile à obtenir. La race chevaline se trouva reconstituée, en peu de temps, sur une base ample et forte. Plusieurs étalons, fils de cet Adam solipède, s'élevèrent en diverses fermes et étendirent l'œuvre de leur père. La plupart acquirent une beauté remarquable, et, dans une distribution de primes qui eut lieu sous l'Empire, on éleva le vénérable patriarche au-dessus du concours en lui décernant un prix d'honneur, tandis que les prix numérotés furent partagés entre les plus beaux de ses descendants. Il était dans sa destinée de finir sa vie comme il l'avait commencée, au milieu des tempêtes publiques. M. du Paty mourut en avril 1815, âgé de quatre-vingt-trois ans, après avoir rendu d'immenses services à l'agriculture pastorale du pays : ses chevaux de service, dispersés, allèrent monter la cavalerie vendéenne, et son étalon, père de plus de mille destriers des armées impériales ; père, nous a-t-on assuré, d'un attelage de huit chevaux achetés à une foire de Sallertaine, et admis dans les écuries de la Malmaison, désormais banni de sa prairie et réduit à un dur esclavage, termina sa noble carrière attelé au chariot d'un poissonnier !... Bélisaire métamorphosé en cheval.

Ainsi réédifiée, la race du marais attira bientôt l'attention du commerce et du gouvernement. Les marchands de Normandie affluèrent sur nos marchés et payèrent, sous l'Empire, nos poulains de deux ans 600 à 700 fr., prix égal au maximum qui ait été atteint depuis. Le décret du 4 juillet 1806, qui réorganisa les haras, comprit la partie vendéenne du marais dans la circonscription du dépôt d'étalons de Saint-Maixent. Mais l'extrémité septentrionale, comprise dans la Loire-Inférieure, fut desservie par le dépôt d'Angers à la station de Machecoul (1). M. de Lespinats, qui fut directeur du dépôt de Saint-Maixent de 1806 à 1825, apprécia l'importance chevaline des deux marais de la Vendée, et particulièrement de celui dont Saint-Gervais est le centre. Le pays a gardé reconnaissance envers lui du zèle qu'il déploya, pendant sa longue administration, pour la prospérité chevaline de la contrée. Si l'ancienne race mulassière continua de s'effacer sous les étalons qu'il envoya, ce fut plutôt un effet de la force des choses que celui d'un plan concerté par lui. Les chevaux améliorés acquirent une valeur vénale bien supérieure à celle de l'ancienne race. D'ailleurs, si nous en croyons l'autorité d'un homme placé pour juger la question d'une manière compétente, la production mulassière n'aurait pas autant souffert qu'on le prétend. « On se plaint beaucoup dans le Poitou, a dit M. Ayraud, médecin vétérinaire à Niort, dans un Mémoire analysé par M. Magne à la Société nationale de médecine vétérinaire le 11 février 1849, de la dégénération des juments mulassières. Déjà, en l'an IX, un statisticien faisait remonter l'abâtardissement de la race poitevine à trente années au delà, et l'attribuait à l'importation, dans les marais de la Vendée, de juments normandes (sans doute celles sorties des écuries du roi, dont nous avons parlé.) La conformation des juments a changé succes-

---

(1) En 1846, lors de l'établissement du dépôt d'étalons de Napoléon-Vendée, la station de Machecoul a été détachée de la circonscription d'Angers pour être attribuée à celle de Napoléon.

sivement ; mais les changements survenus dans la race chevaline du Poitou n'ont pas diminué la faculté que possède cette race de produire de belles mules. Il est évident que si, depuis quatre-vingts ans, la race mulassière avait toujours marché vers la dégénération, nous n'aurions pas communément, aujourd'hui, des mules de 1,000 à 1,100 fr.; le pays n'en exporterait pas annuellement de cinq à six mille, vendues en moyenne de 600 à 700 fr. »

Ainsi la race poitevine n'a donc pas perdu ses facultés mulassières, pour avoir réformé sa *moustache*, son *ventre de vache* et sa tournure de *barrique fichée sur quatre soliveaux*. On nous pardonnera de préférer à des cavales que nous vendions jadis au-dessous de 300 fr. de belles et bonnes juments qui en valent aujourd'hui 700 ou 800; on nous le pardonnera, je pense, d'autant plus volontiers, quand on saura qu'une belle jument vaut autant qu'une laide pour produire un mulet.

Parmi les étalons de l'État qui furent envoyés en station à Saint-Gervais, il faut d'abord distinguer *Mercure*. C'était un beau cheval normand, d'étoffe moyenne, propre au carrosse et à la selle. Ses formes étaient rondes et potelées, ses membres robustes et d'une rare élégance; son encolure était forte, redressée, et terminée par une tête courte, légère et busquée.

C'était un cheval remarquable par la beauté de ses proportions, fortes et fines à la fois. Il conserva jusqu'à la fin de sa vie et la pureté de ses membres, et son ardeur, et tout le prestige de sa physionomie. Il ressemblait aux chevaux de Parrocel, et particulièrement à ceux que ce peintre célèbre a placés, sous les ducs de Beauvilliers, dans les beaux tableaux que l'on voit au château de Chenonceaux, et dont deux gravures ont été publiées dans l'édition in-folio de la Guérinière. *Mercure* fit la monte à Saint-Gervais de 1810 à 1824. Ses suites acquirent une grande faveur sur le marché; elles furent achetées à l'envi par les Normands et par les amateurs de Nantes et du Bocage, qui trouvaient en elles de bons coursiers pour la chasse, d'élégants chevaux de promenade et de voiture (1). Toutefois,

---

(1) Au commencement de 1849, comme je visitais, en compagnie d'un éleveur de Saint-Gervais, les écuries du 4ᵉʳ régiment de lanciers, alors en garnison à Tours, nos regards s'attachèrent à un vieux cheval

il importe de faire remarquer que la postérité de *Mercure* s'inséra peu dans la race du pays; ses poulains furent tous vendus
et exportés, et peu de ses pouliches furent consacrées à la reproduction, parce que, d'une part, on trouvait celles-ci un peu
trop fines pour cet emploi, et que, de l'autre, on ne renouvelait pas alors les poulinières aux dernières marques de la dentition, comme on le fait aujourd'hui ; on les gardait jusqu'à
l'extrême vieillesse.

L'étalon de M. du Paty et ses fils restèrent, par excellence,
les reproducteurs de la race que le sentiment de l'éleveur cherchait à maintenir dans une forte condition d'étoffe. On se servait particulièrement de *Mercure* pour obtenir des individus
qui se vendaient fort cher pour l'extérieur de la contrée.

Un rôle tout différent était réservé à un autre étalon qui vint
occuper une stalle à côté du brillant destrier. *Éléphant* appartenait à cette souche puissante de Normandie, dont Carle Vernet
a crayonné les traits vers le temps du Consulat. C'était un cheval
de haute stature, avec des formes amples; ses membres étaient
forts et réguliers; une encolure élancée, arrondie, flexible,
supportait une tête peu pesante, mais excessivement busquée.
Ses mouvements étaient faciles, pleins d'ardeur, et partaient
d'un bon aplomb. Il avait toute la puissance d'un diligencier,
avec l'élégance d'un carrossier. Sur la recommandation des maquignons normands, qui le vantèrent excessivement et qui
firent valoir ses poulains à très-haut prix, le succès de ce che-

---

que l'on nous dit être âgé de vingt-six ans et provenir du dépôt des remontes de Saint-Maixent, par sa succursale de Fontenay. Mon compagnon et moi fûmes frappés en même temps de l'étonnante ressemblance
de ce vieux destrier avec *Mercure*. C'étaient même corps, même encolure, même tête, mêmes membres, mêmes balzanes nettes et haut
chaussées, mêmes attitudes coquettes à l'écurie et sous le cavalier,
même figure à la Parrocel. Il nous fut impossible de ne pas reconnaître
dans ce vétéran un des derniers produits de *Mercure*. *Acajou*, ainsi
se nommait ce cheval, était conservé soigneusement au régiment comme
précieux pour l'instruction des jeunes soldats et des jeunes chevaux. Le
régiment ne comptait pas un plus beau galopeur, un plus adroit sauteur de barrières que lui. Ses membres étaient encore intacts et d'aplomb. Certes, cet ancien type normand était merveilleux, et sa tête
busquée ne l'empêchait pas de justifier à la fois d'une grande ardeur et
d'un fonds excellent.

val devint tel, qu'on ne rêva plus que têtes busquées. On recherche son alliance, non comme celle de *Mercure*, pour la seule vente des produits, mais bien plutôt pour le renouvellement des poulinières, et, son extrême fécondité aidant, il résuma bientôt en lui seul toute la race, qui fut, en peu d'années, repétrie de son sang et modelée à son image. La tête busquée, auparavant inconnue dans l'herbage, s'y propagea comme une épidémie, et s'y montra d'une renaissance plus soudaine et plus multipliée que celle de l'hydre de la fable. *Éléphant* avait aussi le rein un peu trop long, quoiqu'il eût déjà la croupe longue et l'épaule assez bien couchée; si bien que notre race, qui, dans le siècle dernier, avait le corps trop ramassé entre une courte hanche et une épaule droite, se trouva, après le passage d'*Éléphant*, l'avoir trop allongé. Du reste, les chevaux prirent une forme plus arrondie et plus relevée, les membres s'épurèrent et se dessinèrent bien; les pieds, autrefois trop larges et souvent plats, se renfermèrent en de justes limites, et depuis lors ils n'ont cessé de se faire remarquer par leurs belles proportions comme par leur solidité; les anciens caractères de la race mulassière s'effacèrent généralement, et dans toute l'étendue de notre herbage l'ancien cheval poitevin passa au type normand.

Éléphant doit être considéré, au point de vue de la régénération, comme le successeur direct de l'étalon si influent de M. du Paty. Ce dernier cheval avait été le père de tous les étalons particuliers qui firent la monte de 1800 à 1820. A partir de cette époque, tous les étalons particuliers furent fils d'*Éléphant*, et presque toutes les filles de ce cheval devinrent des poulinières; car ce fut à cette époque (vers 1820) que s'introduisit l'usage de ne plus conserver de vieilles juments, de livrer à la reproduction des cavales de deux à six ans, et de les vendre, passé ce dernier âge, alors qu'elles sont en pleine valeur vénale.

Cet usage a ses avantages et ses inconvénients. Parmi les premiers, il faut compter : 1° celui de donner de la valeur aux pouliches qui précédemment en avaient peu : les mâles étaient alors plus recherchés qu'elles sur le marché; depuis, elles ont été plus demandées que les mâles. Avant 1820, une pouliche de deux ans valait à peine 200 fr.; depuis cette époque, elle s'est vendue, à dix-huit mois, au prix de 350 et de 400 fr.; 2° celui de produire un poulain à l'aide d'une mère qui ne s'use pas (pécuniairement parlant), et qui, pour ainsi dire, ne coûte rien, puisqu'elle a une valeur propre dont le remboursement doit s'opérer par sa vente, et dont l'intérêt est représenté par sa propre croissance : elle vaut 350 fr. quand elle entre au haras; elle en vaudra 700 lorsqu'elle en sortira; 3° de tenir la race en état de profiter rapidement de tous les éléments d'amélioration qui lui sont offerts par des étalons supérieurs. Mais, en regard de ces avantages, il faut signaler les inconvénients : — de devoir un certain nombre de poulains à des mères trop jeunes, — de présenter la race sans défense contre l'influence des mauvais étalons, — de fatiguer les juments au début de leur carrière. On peut, du reste, excuser jusqu'à un certain point ce dernier fait par cette considération, que partout, dans notre élevage rustique, il faut que le cheval travaille jeune pour gagner sa nourriture, que la gestation des juments représente le travail au collier des autres chevaux, et probablement n'use pas davantage. Ce sont précautions de nécessité pour établir finalement la marchandise au prix offert pour le commerce ; à tout prendre, il vaut mieux subir ces petits inconvénients que de ne pas élever.

Éléphant fit la monte à Saint-Gervais pendant environ dix ans, — soit de 1816 à 1826 ; — il s'assimila toute la race, et mourut à Saint-Maixent dans une stalle où se trouvait placé cet écriteau : ÉLÉPHANT, *père de cent étalons*. C'est à la suite de son passage que la race obtint son plus grand développement. On peut dire que notre herbage montra une aptitude étonnante à façonner les produits du sang normand. La taille de 1 mètre 70 centimètres se retrouva fréquemment, et presque toute la production fut propre à la cavalerie de réserve. Nombre d'étalons, fils d'*Éléphant*, furent acquis par l'administration et envoyés en d'autres contrées : nous nous souvenons particulièrement de *Taurus*, qui se recommande à la mémoire du pays comme ayant été peut-être l'expression la plus puissante du cheval produit par nos herbages. *Taurus* avait toute la distinction de son père, et peut-être plus d'étoffe encore ; sa taille devait être de 1 mètre 75 centimètres. Depuis cette époque, la taille et l'ampleur de nos chevaux ont considérablement diminué.

Après *Éléphant*, *King-Henri*, *Victory*, *Sportsman*, *Sphinx*, *Quisana*, *Mage*, *Alasko*, firent de bons produits, mais ils n'acquirent jamais le renom et la vogue de *Mercure* et d'*Éléphant*. Aucun, si ce n'est *Sportsman*, ne laissa d'étalons particuliers. Ceux-ci continuèrent d'être choisis parmi les descendants d'*Éléphant*, parce qu'on ne trouvait pas les produits des autres étalons royaux assez corsés pour cet emploi. Mais la race d'*Éléphant* arriva elle-même à une sorte de dégénération. Un trop long séjour dans le marais, sans renouveler les croisements, finit par la rendre lymphatique. En 1840, elle n'offrait plus que l'ombre de son type primitif, sa tête, busquée d'ailleurs, n'était plus de mise dans le commerce, il fallait un changement, une révolution dans la race.

Un concours de circonstances amena ce changement. D'un côté, la remonte se mit à acheter plus sérieusement qu'elle n'avait fait jusque-là. Son action eût été un grand bienfait, si le commerce, piqué de cette rivalité, et attiré par d'autres avantages, ne nous eût quittés pour aller à la frontière d'Allemagne. Nous restâmes donc en tête-à-tête avec la remonte pour les chevaux adultes. Elle nous demanda des chevaux plus légers que ceux de la race d'*Éléphant*, race qui, d'ailleurs, avait dégénéré. Elle rechercha surtout le cheval de cavalerie de ligne sur nos prairies. D'un autre côté, l'Administration des haras était mue par l'ordonnance de 1833, qui prescrivait un nouveau mode d'action dont le pur sang était le principe ; elle monta peu à peu ses dépôts en étalons rapprochés du sang, et même, autant qu'elle le put, en animaux de race pure. Les chevaux de demi-sang qu'elle nous envoya d'abord étaient très-forts ; c'étaient de bons *hunters* tels que *Cuirassier*, *Quisana*, *Alasko*, *Délicat*, *Xylon*. Ils opérèrent bien sur les points où ils furent placés, à Saint-Gervais, à Soullans, à Boin, et commencèrent le mouvement en donnant à leurs suites des formes plus distinguées, plus condensées, avec du ton et de l'énergie. Ils se trouvèrent insuffisants toutefois pour corriger la tête busquée provenant d'*Éléphant* ; il fallut, pour en venir à bout, l'intervention directe du pur sang.

Le premier étalon de pur sang envoyé à Saint-Gervais fut.

en 1840, *sir Benjamin-Backbite* ; mais ce cheval, qui depuis s'est fait connaître avantageusement sur d'autres points, fut alors mal accueilli. On le considéra comme un petit cheval ; on ne lui adressa que de petites juments, la plupart insignifiantes : il n'en sortit rien de bien, comme on pouvait s'y attendre. L'année suivante, *Amadis*, fils d'*Eastham*, qui jusque-là avait végété en d'autres stations, obtint à Soullans quelques succès, sur les instances très-vives du directeur, M. Petiniaud, et sur le prestige de son extérieur élégant. Ses poulains, ainsi que M. Petiniaud l'avait annoncé, réussirent parfaitement, conservèrent l'ampleur de la mère avec une supériorité de distinction jusque-là inconnue dans le pays. Les marchands de Normandie recherchèrent avec empressement les petits-fils d'*Eastham*, nom illustre sur leurs pâturages, et la remonte les acheta avec non moins de zèle quand ils furent en âge.

Dès lors, la réputation d'*Amadis* fut faite. Lorsqu'il eut passé à Soullans les trois années accordées par le règlement, les éleveurs de Saint-Gervais pétitionnèrent pour l'avoir à leur tour. Ils l'obtinrent en 1844, et, depuis lors, jusqu'à 1849, il n'a cessé de faire la monte à cette station, en compagnie de deux bons demi-sang. Pendant le même temps, d'autres étalons de pur sang ont été envoyés à Bouin, à Soullans, à Saint-Gilles, à Machecoul, ce furent *Unique*, *Arweed*, *Copper-Captain*, *Jéroboam*. Le sang a été ainsi largement infusé dans la race ; et, grâce au renouvellement incessant par lequel celle-ci procède, les effets ne tardèrent pas à se faire sentir. Ces effets sont encore jeunes, et bien que leurs derniers caractères soient loin d'être déterminés, étudions-les dans leur situation acquise. Les premiers pas ont été excellents ; notre race, un peu abâtardie sous les petits-fils d'*Éléphant*, remontée et préparée par les étalons de demi-sang, a produit, dans sa première alliance avec le pur sang, des chevaux réunissant à un éminent degré l'étoffe et la distinction. Mais, à mesure que nos chevaux prennent du sang, nous nous apercevons qu'ils perdent leur étoffe, et que leurs membres deviennent plus grêles. Le sang demande essentiellement à être nourri par besoin ; notre prairie, toute bonne qu'elle est, ne vaut pas la main de l'entraîneur. Si elle nourrit bien en certaine saison, elle a des lacunes en hiver et même en été. Ces lacunes réagissent d'une manière fâcheuse dans l'élevage d'un cheval délicat. On a remarqué que dans les années sèches, notamment, les poulains se chargent d'autant plus de tares qu'ils ont plus de sang. Ces mêmes herbages qui avaient une faculté si merveilleuse pour faire épanouir les suites de l'ancien type normand, avec *Mercure* et *Éléphant*, qui aujourd'hui encore grandissent, dans une proportion remarquable ; les suites d'une petite jument bretonne, arrivent à un résultat opposé avec le pur sang ; ils produisent un effet de réduction d'autant plus prononcé que le sang est plus avancé. Les tares semblent s'accroître dans la même proportion. *Amadis* lui-même, le cheval le plus pur dans ses quatre membres, laisse quelquefois après lui des jardons, des formes, des éparvins. Enfin, il est de notoriété que les tares osseuses, autrefois presque inconnues dans notre herbage, s'y sont multipliées depuis l'usage des étalons de sang. Il nous paraît donc évident que l'usage du *sang*, si utile pour corriger la propension lymphatique de notre herbage, devient pernicieux lorsqu'il est poussé au delà de certaines limites. L'herbe de nos prairies, qui l'accueille avec avantage à ses premiers croisements, semble se fatiguer de son retour trop fréquent, absolument comme le meilleur sol se lasse de recevoir, sans engrais suffisants, des ensemencements réitérés de céréales. Dans l'un comme dans l'autre cas, il faut de l'alternative et du soin pour éviter l'épuisement. Lorsqu'on donne à un élevage plus de sang qu'il n'en peut porter, les tissus se développent mal et végètent dans une condition maladive ; les os, les muscles, se dépriment, et les apophyses des membres se chargent de tares. L'élevage rustique a éminemment besoin d'éléments qui se développent facilement. Les tissus condensés du pur sang opposent une sorte de réaction à la force expansive de notre herbage ; si cette réaction ne se présente que dans une proportion modérée, elle produit le plus heureux effet ; devient-elle trop forte, elle amène l'atrophie.

Notre prairie, livrée à elle-même, fait le cheval très-facilement, et, par cette grande facilité, le prédispose à la beauté des formes ; mais il convient que ces formes aient un certain développement. Les proportions de l'ancien type normand, du carrossier, du cheval de réserve, du cheval de ligne, voilà ce que notre prairie fait le plus naturellement ; si on lui de-

mande plus grand et plus gros, elle fait flasque, décousu ; si
on lui demande plus petit et plus réduit, on arrive à un degré
de finesse qui contrarie la nature du sol et qui ne se développe
pas avec bonheur. Cependant, entre ces deux extrêmes, grande
est l'élasticité de notre herbage ; nous en pouvons citer comme
une preuve, et, en même temps, comme donnant la mesure de
ses facultés, l'histoire de deux étalons du dépôt national de
Napoléon-Vendée, *Arion* et *Frosse*. Tous deux sont nés dans
la commune de Curzon, chez le même propriétaire, M. de
Buor ; tous deux ont reçu la même nourriture, les mêmes
soins, ont vécu sur la même prairie, mangé la même herbe et
bu la même eau ; l'un, *Arion*, est devenu un gros timonier de
diligence, et l'autre est un *fac-simile* de pur sang. Cette différence tient exclusivement à la nature des étalons dont ces deux
chevaux sont issus. *Arion* est le fils d'un gros cheval de trait,
Frosse doit le jour à l'élégant *Amadis*. *Arion* est devenu plus
gros que sa mère, parce que son père avait plus d'étoffe que
de distinction ; *Frosse* est resté plus petit, plus délicat que la
sienne, parce que son père est de pur sang.

Le même phénomène s'est répété mille fois sur nos prairies.
Ainsi, au temps des étalons normands, de 1810 à 1826, le
développement de la race fut très-remarquable. Les poulains
atteignirent généralement la taille et l'ampleur de leurs pères,
et quelquefois les dépassèrent ; nous avons cité *Taurus* qui devint plus puissant qu'*Eléphant*, son énorme père. Depuis l'introduction des étalons de sang, au contraire, la race a sans
cesse diminué de volume. A la première génération, le cheval
devient plus petit que sa mère ; à la seconde ou à la troisième,
il est plus petit que son père. Nos chevaux actuels sont, il est
vrai, pleins de distinction, mais la diminution de la taille et de
l'étoffe cause une notable dépréciation dans la vente. La remonte paye moins cher le cheval léger que le cheval de ligne ;
elle paye celui-ci moins que le cheval de réserve ; et le commerce, qui ne fait valoir que les carrossiers, nous a abandonnés
dès qu'il a vu la remonte sur nos marchés, et dès qu'il a re-
connu que nos chevaux, trop raffinés, devenaient propres à la
selle plus qu'à la voiture.

Nous devons dire, toutefois, qu'à travers cette diminution
sensible, les concours annuels qui ont lieu à Saint-Gervais

depuis 1844, au sujet de la distribution des primes aux poulinières et pouliches, présentent encore un grand nombre de belles cavales où le développement musculaire est réuni à la plus brillante distinction. Il est vraisemblablement peu de contrées herbagères qui puissent offrir une aussi belle réunion de poulinières. Les derniers concours, notamment, ont présenté un grand nombre de produits remarquables.

Jamais race n'a subi une révolution plus totale que la nôtre dans l'espace d'un demi-siècle. Et si, en regard de la description faite sous le Consulat par M. Mourain du Paty, nous voulons crayonner le portrait actuel, voici à quel étrange contraste nous arriverons :

La race sous le Consulat.	*La race aujourd'hui.*
La race chevaline du Marais est courte et ramassée. Elle a la tête grosse et chargée de ganache, l'encolure courte, surmontée d'une épaisse crinière, la croupe large, les jambes fortes, avec beaucoup de crin au fanon, ce qui est fort recherché, et de larges pieds ; elle est généralement sous poil noir.	La race chevaline du Marais a le corps bien développé et souple. Elle a la tête du cheval de sang et bien attachée, l'encolure longue et flexible, surmontée d'une crinière peu épaisse, pendante, lisse et soyeuse, la croupe en amande, les jambes pleines de distinction, avec absence totale de crin au fanon ; des pieds excellents dans leurs proportions, avec une corne douce, facile à tailler et à ferrer. La race est presque toute sous poil bai.

Ainsi que la race, le commerce a eu ses phases diverses depuis le siècle dernier. Avant la Révolution et sous l'Empire, nous fournissions beaucoup de juments mulassières aux éleveurs du haut Poitou. Des marchands de la Caillière, près Fontenay, étaient les courtiers de ce débouché. La grande masse des poulains partait à deux ans pour le Berri. Le prix de ces poulains et pouliches n'excédait guère 300 francs. Les marchands de Normandie affluèrent dans nos foires dès que les étalons royaux de 1778 commencèrent à leur offrir des produits convenables ; ils revinrent sous l'Empire, et payèrent alors très-cher nos poulains, à peu près le double du prix offert par les Berrichons. Malgré cette différence, plusieurs éleveurs persistèrent à produire le cheval commun pour le Berri, de préférence au cheval distingué pour la Normandie, parce que l'élevage et le commerce des chevaux fins furent toujours considérés comme plus difficiles et plus éventuels que la production du cheval de trait. Celui-ci eut toujours une valeur modeste, mais assurée; l'autre ne cessa de ressembler à un numéro de loterie. Cette nuance de prix entre le cheval normand et le cheval berrichon a, du reste, toujours tendu à s'effacer; les marchands du Berri ont successivement augmenté leur prix, et élevé le choix de leurs achats. Depuis 1848, la langueur du commerce hippique de la Normandie fait ressentir chez nous son contre-coup; aussi, aux dernières foires, les deux commerces rivaux payaient-ils le même prix, savoir : 500 francs pour le premier choix des poulains de deux ans. On pouvait même regarder les Berrichons comme plus hardis dans leurs achats que les Normands. A prix égal, les Berrichons recherchent toutefois des chevaux moins distingués que les herbagers du Calvados.

Lorsque, après 1820, on se mit à réformer les poulinières dès l'âge de six ans, il se présenta, pour les acheter, des marchands de Toulouse. Ces juments se vendirent avantageusement pour former des attelages dans le Midi et en Espagne; leur prix flottait entre 6 et 900 francs. C'était un article très-lucratif pour le pays; malheureusement ce commerce a cessé vers 1840. Les Méridionaux se sont pourvus de chevaux allemands, et la remonte seule a paru pour prendre leur place. Nous ne nous plaignons pas des prix de la remonte, ils représentent à peu près ceux que nous recevions précédemment du commerce; nous regrettons seulement qu'ils aient été diminués depuis 1848. Mais l'action de la remonte est inconstante et capricieuse. La remonte est le plus difficile, le plus inexorable des acheteurs; elle effleure la production, et laisse le reste à l'état de rebut. La situation qui nous est faite par elle est nécessairement désavantageuse. Le commerce jadis achetait tout ; il fermait les yeux sur une foule de petites irrégularités que la remonte ne pardonne pas.

Si nous ajoutons à cela que l'action réitérée du sang, sur notre herbage, raffine trop les chevaux pour le commerce, que parfois elle les laisse sans taille et sans étoffe suffisantes pour la cavalerie, nous reconnaîtrons qu'il y a double préjudice à se trouver seul avec la remonte, loin du commerce, avec des chevaux spéciaux, sujets, par leur nature, à beaucoup de déchet.

IV

De l'action comparative des étalons particuliers et des étalons de l'État sur l'herbage de Saint-Gervais.

De temps immémorial, c'est-à-dire depuis au moins 1778, ces deux sortes d'étalons concourent à la propagation de l'espèce dans le pays. Le brevet de garde-étalon, délivré en 1741, dont nous avons parlé, prouve que, dès cette époque, la race était de haute taille, et qu'elle se renouvelait à l'aide d'étalons choisis. En 1778, les étalons de l'État survinrent. Quels étaient-ils ? Nous regrettons de ne pas le savoir au juste ; sans doute, ils étaient normands, danois, frisons. On dut envoyer de grands chevaux dans un pays qui produit si facilement le grand cheval. Au sortir de la guerre vendéenne, la race, réduite à peu de juments, fut renouvelée à l'aide d'un seul étalon appartenant à un particulier, mais sorti des étalons royaux. Ce cheval et plusieurs étalons, ses fils, reconstituèrent la race jusqu'à l'arrivée des étalons nationaux, vers 1808, et même au delà ; car ce ne fut qu'en 1820 que l'influence d'*Éléphant* effaça l'ancien type, pour y substituer le normand à tête busquée, type qui lui-même s'est effacé, pendant ces dernières années, sous l'action du sang anglais.

Le prix de la saillie, pour les étalons privés, a toujours été de cinq à six francs, et il est exigible sans garantie de gestation, à la différence de ce qui se pratique dans le Perche et autres pays où s'élève le cheval de trait ; le prix fut le même pour les étalons nationaux. Les deux éléments rivaux marchèrent longtemps l'un auprès de l'autre sans se nuire, ou plutôt en se complétant l'un par l'autre. Les éleveurs qui aspi-

raient à vendre leurs poulains aux marchands de Normandie
recherchèrent particulièrement les étalons de l'État ; ceux qui
persistèrent à travailler modestement pour les Berrichons don-
nèrent la préférence aux étalons privés. Mais les étalons privés
ne furent bientôt plus autres que les fils des étalons royaux ;
et peu à peu les deux souches, l'ancienne et la nouvelle, se rap-
prochèrent, puis finirent par se confondre. *Éléphant* fut, en
son temps, le père de tous les étalons particuliers ; après lui
on conserva ses petits-fils. On se refusa à garder comme générateurs les fils des étalons royaux qui lui succédèrent. A cette
occasion, le caractère de notre prairie se montra avec toutes ses
conséquences ; cette prairie avait fait merveille avec les suites
d'*Éléphant* à la première et à la seconde génération ; elle
les dégrada ensuite faute de croisements renouvelés à propos, et la disposition lymphatique se laissa voir. Les arrière-
petits-fils d'*Éléphant* devinrent envolés, flasques, sans ensem-
ble comme sans distinction. Il fallut retremper la race, revenir
aux étalons de l'État, et choisir parmi leur suite les nouveaux
étalons privés, ce qui, par le contact du sang, a amené de
grands changements dans la race.

Il est, parmi les éleveurs, une opinion reçue, qui, préjugé
ou non, mérite d'être exposée ici. On prétend généralement que
les étalons résidant sur la prairie, comme les étalons particuliers
du pays, ont une supériorité prolifique sur les étalons gardés
à l'écurie comme le sont ceux de l'État. La chose est d'autant
plus difficile à constater, que les étalonniers privés, payés sans
garantie de gestation, ne font guère de recherches sur les naissances issues de leurs étalons, et n'en tiennent aucun registre.
Il y a lieu de croire cependant que ce fait observé par les éleveurs depuis plus de quarante ans, et toujours affirmé par eux
sans hésitation, n'est pas dénué de fondement. Le paysan at-
tache beaucoup plus de prix au nombre qu'à la qualité des
poulains produits. C'est pourquoi une renommée de fécondité
dépasse à ses yeux toutes les autres qualités. Un jeune étalon,
réputé bien prolifique, lui paraît supérieur à tous les héros du
turf. Si la supériorité prolifique existe réellement au profit de
l'étalon de la prairie, je suis tenté de l'expliquer par cette
même nature plantureuse de l'herbage qui fait de la jument
une si admirable laitière. L'étalon de M. du Paty passait pour

féconder toute jument susceptible de l'être ; il avait, dit-on, fécondé cent vingt juments dans une année sur pareil nombre de juments saillies. Et cet étalon résidait sur la prairie, ne recevait aucune avoine, même pendant le temps de la monte, m'a-t-on assuré. Aujourd'hui, du moins, les étalons privés, qui, tous passent l'été isolés sur un carré de prairie, reçoivent, à l'issue de chaque saut, une ration d'avoine, comme celle des étalons de l'Etat. La croyance — ou le préjugé — s'étend encore à un autre point ; c'est que plus les étalons sont jeunes, plus ils sont fécondants. Aussi tous les spéculateurs du pays n'ont-ils que des étalons très-jeunes ; ils les mettent en service dès l'âge de deux ans, et ils les vendent à cinq ou six ans, avant qu'ils soient délaissés des éleveurs et avant surtout que, hors de marque, ils perdent leur valeur commerciale. Cependant ce préjugé commence à s'effacer devant l'évidente fécondité de certains étalons de l'Etat. *Mercure*, *Éléphant*, furent aussi prolifiques qu'aucun jeune étalon à l'herbe ; il en fut à peu près de même de *King-Henri*, de *Sphinx*, de *Bitume*, d'*Intact* ; et rarement a-t-on trouvé un étalon plus sûr de féconder qu'*Amadis*, étalon de pur sang, âgé de dix-neuf ans quand il a quitté le pays.

Une circonstance regrettable à constater, c'est que depuis nombre d'années l'importance et la valeur des étalons privés a toujours été en diminuant. Ces étalons eurent du mérite sous l'Empire, avant que l'action des haras nationaux se fût généralisée ; ils en eurent aussi sous la Restauration. A cette époque ils furent favorisés par l'administration des haras, qui achetait les meilleurs d'entre eux parvenus à l'âge de cinq ans, et les faisait valoir à un prix très-avantageux pour leurs détenteurs. Mais, lorsque l'étalonnage eut été abandonné sur ce point, et réduit par la concurrence des étalons privés et publics aux seuls profits de la saillie, cette branche d'industrie a été frappée de langueur. De peur de compromettre ses avances, le spéculateur n'a plus songé qu'à acheter des poulains à bon marché pour en faire des étalons. De là, de misérables choix. Ne croyez pas, toutefois, qu'il faille rejeter sur les haras seuls cette fâcheuse révolution ; car il est à remarquer que le déclin dans les éléments de production n'est pas particulier à la race chevaline ; il existe aussi parmi les baudets

générateurs de mules ; autrefois on les achetait 5 et 6,000 fr.,
aujourd'hui on ne les paye plus que 2,000 ; il en est de même
pour les taureaux, étalons de la race bovine ; et ce ne sont
pas les haras qui sont la cause de cette marche rétrograde. Le
vrai motif, c'est que l'agriculture est lancée dans une voie de
gêne qui lui fait négliger toute spéculation à long terme ; elle
va toujours au plus pressé. Une marchandise équivoque, mais
à bon marché, lui paraît préférable à une autre de bonne condition et de prix soutenu ; elle préfère les petits profits à bref
délai aux grands profits plus éloignés. — A Saint-Gervais, par
exemple, on veut fabriquer un poulain qui se vendra avant
d'avoir atteint l'âge adulte, c'est-à-dire avant l'âge où l'on
saura réellement ce qu'il vaut. Pour cela, inutile de payer
cher une saillie, et, ce que l'on recherche le plus, c'est un étalon prolifique dont le germe se développe rapidement sur la
prairie. Tout cela ne suppose pas des étalons de valeur ; cela
conduit à la fabrique de pacotille, — produire à bon marché
pour vendre de même.

Si l'agriculture avait de l'élan, le devoir de l'administration
des haras serait de respecter, de seconder cet élan, et de s'effacer progressivement. Mais, loin de rivaliser avec l'Etat dans
ses éléments de production, elle-même s'est, de plus en plus,
appuyée sur lui, effacée devant lui, et n'a cherché à lui faire
concurrence que par la production du cheval auquel il est le
moins intéressé, la production du cheval de trait. Du temps
que la race, à Saint-Gervais, tenait du cheval de trait ou du
mulassier plus que du cheval distingué, il y avait plus d'élan
pour les étalons privés qu'il n'y en a aujourd'hui. C'est que
l'étalon commun, qui demande peu de frais d'achat et d'entretien, est infiniment plus dans les mœurs du spéculateur agricole que l'étalon distingué. Aussi, chose très-remarquable,
c'est à mesure que la race a pris de la distinction que l'étalon
privé a perdu de son importance, et que les étalons de l'Etat
sont devenus plus recherchés. Ceci concorde d'ailleurs avec
les mœurs de tout le reste de la France chevaline. Partout où
la production du cheval de trait a de l'élan, vous voyez l'étalon
particulier recherché, celui de l'Etat délaissé. Partout, au contraire, où le cheval distingué s'élève, l'étalon national seul est
recherché, l'autre semble être un animal impossible. Chez

nous, le génie de la production privée, c'est de faire le gros, le commun ; l'intérêt de l'Etat, c'est de soutenir la distinction de la production, au moins dans la proportion nécessaire aux besoins de l'armée. La distinction ne peut se faire avec des étalons à bon marché, et l'industrie privée ne veut et ne peut fournir que de ceux-là. Le producteur cherche pour ses poulinières des étalons dont le service soit rémunéré 5 ou 6 francs et ne dépasse jamais 10 francs ; l'étalonnier, à ce prix, ne peut offrir qu'un cheval ayant coûté 1,000 francs au plus. L'autorité publique (nationale ou départementale) peut seule faire un sacrifice pour livrer au même taux le service d'un étalon supérieur en prix d'achat. Quand l'autorité achète un cheval 5,000 francs et plus, pour en offrir le service au-dessous de 10 francs, elle peut être considérée comme faisant un sacrifice, comme offrant une subvention. De toutes les subventions agricoles, la meilleure, la plus efficace, c'est sans contredit l'étalon ; car le bénéfice d'un bon étalon se répand annuellement sur cinquante poulains.

Dans un herbage comme le nôtre, qui produit un cheval à la fois fort et distingué, il y a place pour les deux sortes d'étalons. Le rôle des étalons privés, c'est de faire le nombre et le gros ; le rôle des étalons de l'Etat, c'est de donner le degré de distinction que le sol est susceptible de porter ; on doit encore attribuer à ceux-ci le rôle de procréer les étalons particuliers. Pour cela, une station d'étalons nationaux doit essentiellement contenir deux sortes de chevaux , — un très-gros cheval, à peine de demi-sang, pour créer des étalons particuliers, pour faire de bonnes juments poulinières ; un étalon, en un mot, à principe grossissant. Puis, un ou deux étalons ramenant à la distinction, dont un de pur sang, s'il est possible. Le rôle de ces derniers, c'est de faire le cheval de service, le cheval militaire, en lui communiquant la distinction et l'énergie. Pour l'appareillement des juments avec ces divers étalons, ce n'est point à l'appréciation arbitraire d'agents subalternes qu'il convient de s'en remettre. La graduation des prix de saillie est bien plus sûre d'exercer une excellente police. Une jument défectueuse peut rarement bien faire avec le pur sang ; elle a généralement besoin d'être ramenée vers le gros. Si donc le prix de saillie de l'étalon de pur sang est plus élevé que celui de demi-sang, vous verrez toutes les juments incomplètes venir à ce dernier, tandis que les propriétaires de belles cavales ne craindront pas de payer le prix du pur sang. Ainsi l'animal précieux ne sera pas prostitué; ainsi la souche, avant d'être raffinée au hasard, sera toujours ramenée vers le gros, car la marche du croisement doit toujours être celle-ci : — grossir les types défectueux, — régulariser les gros, — donner le sang aux réguliers.

Dans un élevage rustique, où la nature fait tous les frais, où le producteur, simple bouvier, ne sait ni soigner ni employer un cheval, et s'abrite, pour ainsi dire, sous la fourrure de son herbage, ce mode d'alternative ou de rotation du gros au distingué nous paraît être le meilleur système; et, en effet, on est arrivé, par lui, à des résultats satisfaisants. Il est difficile de réunir à un plus haut degré la distinction et l'étoffe que ne le font les produits des bons éleveurs, c'est-à-dire des éleveurs qui osent se procurer une bonne poulinière et savent lui choisir un appareillement. Les chevaux de Saint-Gervais, quand ils réunissent ce juste degré d'étoffe et de distinction, cessent d'être lymphatiques; ils sont remarquables par la bonne conformation de leurs pieds, par la force, l'aplomb et la résistance de leurs jambes, par la beauté et l'élégance de leur corps, par la souplesse de leur encolure, par la distinction de leur tête, devenue tout anglaise.

Dans le monde hippique cependant, vous voyez aujourd'hui une école qui s'élève contre le système des croisements, contre l'emploi du sang, et qui vante exclusivement le mode de *l'amélioration en dedans (in and in)*, appliqué à chaque race. Nous croyons aussi que ce mode est excellent. Mais il demande de bons éleveurs encore plus qu'une bonne prairie. Il convient surtout aux races nourries par des produits artificiels. C'est par le soin de l'éleveur que l'amélioration en dedans doit être conduite. Le soin corrige les défauts du terroir, donne du ton aux races lymphatiques, de l'étoffe aux races nerveuses. Mais lorsque, dans la production, la prairie joue un plus grand rôle que l'éleveur, comme la chose a lieu à Saint-Gervais, comme elle a lieu aussi dans beaucoup de nos contrées chevalines du Midi, le terroir finit toujours par dominer les races recrutées seulement d'elles-mêmes. Dans les vallées herbeuses, il donne la lymphe, et sur les coteaux pierreux, il raffine tellement le cheval, qu'il le pousse au squelette. *L'amélioration en dedans* par simple appareillement d'individus choisis, ne suffit point pour faire prospérer une race négligée de l'éleveur. Il faut du soin, — du soin ou du croisement. — Si vous donnez beaucoup de soin, vous avez d'autant moins besoin de croisement : vous ferez comme *Backwell*, vous tirerez une race, non de votre sol, mais de votre cerveau et de votre bourse. Si vous ne donnez pas assez de soin, il faut croiser pour rétablir l'équilibre de l'étoffe et du sang. Sans doute, le croisement a ses périls et ses désavantages ; il ne réussit pas toujours, il occasionne un travail dans les articulations, qui parfois se résout en tare. Mais, sur une prairie herbeuse comme la nôtre, où le bouvier est simple spéculateur de sa production chevaline et où il est difficile de lui persuader d'y prendre un rôle plus actif, le croisement est ce qu'il y a de mieux pour empêcher la race de se plonger dans la lymphe et pour la soutenir dans la voie du progrès. Puisqu'ici la prairie fait tout, il faut savoir diriger, amender les efforts de cette prairie, non l'abandonner totalement à sa propension naturelle.

Quand le cheval de Saint-Gervais a été ainsi formé sous l'influence de bons croisements, il est, à la fois, susceptible et d'une grande longévité et d'une longue résistance au travail. Nous avons déjà mentionné *Acajou*, ce noble vétéran du 1ᵉʳ lanciers, qui fonctionnait encore à vingt-six ans, dans son escadron ; nous pouvons citer une jument de trente et un ans, appartenant à un habitant de Bouin, qui l'a élevée sur sa prairie ; qui l'a dressée en cheval savant, à faire le mort, à rapporter le mouchoir ; qui en a tiré un énergique service au travail de selle et de voiture pendant de longues années, et qui, aujourd'hui encore, aime à se contenter des derniers efforts de cette vieille servante. Plusieurs amateurs de Saint-Gervais et des environs possèdent des chevaux indigènes, choisis parmi les plus élégants, et remplissant encore à l'âge de dix-huit et vingt ans un bon service de voiture et de chasse. Ces deux services, loin de se nuire, semblent se soutenir l'un l'autre ; la chasse assouplit le cheval que le carrosse roidit, et le conserve plus longtemps dans toutes ses facultés. Il faut voir les chevaux de nos chasseurs ; comme ils sont adroits à trotter ou galoper à travers les sillons, les mottes de terre, à franchir les haies, les fossés, à courir sur les plans inclinés ! Ils conservent leurs membres, leurs aplombs, leur souplesse, jusque dans un âge très-avancé.

Enfin, l'indication du cheval que nous devons faire nous est tracée par le débouché. Les herbagers de Normandie, acheteurs de nos meilleurs poulains, favorisèrent jadis, chez nous, l'introduction de la race normande. Ils ont recherché plus tard le cheval croisé et convergent vers le sang. Depuis 1847, par suite de leurs propres embarras locaux, leur action s'est ralentie sur nos marchés, et, depuis ce temps, ils n'acceptent le sang qu'autant qu'il a beaucoup de gros. La remonte, elle-même, tient au gros beaucoup plus qu'au sang. Ayons donc de la prudence dans la recherche des étalons de sang, ne les admettons qu'autant qu'ils sont forts et grossissants, et surtout ne les acceptons que pour des juments très-amples et bien conformées ; ne leur donnons jamais des poulinières équivoques.

V

Résumé.

En résumé, la race de Saint-Gervais, jadis race de trait bâtarde, race mulassière, imprégnée de lymphe par le long séjour sur une prairie trop primitive et mal desséchée, s'est, depuis un demi-siècle, et conjointement avec l'amélioration du sol, totalement métamorphosée. Elle s'était rapprochée du type normand par les étalons royaux de 1778, et par leur successeur unique, l'étalon de M. du Paty ; elle s'y confondit tout à fait par les étalons de l'Empire et de la Restauration, grâce surtout à la vogue d'*Éléphant*, l'un d'eux. Depuis, elle a passé au demi-sang anglais, et, sur quelques points, on voit les étalons de pur sang produire des effets étonnants de ressemblance avec eux-mêmes, créer de véritables *fac-simile* du pur sang. Mais c'est trop demander à la prairie, quelque excellente qu'elle soit. Le cheval de pur sang, ou trop rapproché du sang, ne peut se développer que d'une manière incomplète dans un élevage rustique. Lors même que le cheval de pur sang est élevé avec tout le soin désirable, il laisse beaucoup de déchet parmi ses produits, à plus forte raison en laisse-t-il quand il est livré à la seule influence de la prairie. Or, quand on forme des chevaux pour les vendre 600 francs, il faut que tous réussissent : il n'y a pas d'indemnité pour le déchet. La meilleure manière d'éviter le déchet, c'est d'avoir toujours une race acclimatée, appuyée sur le sang indigène, et de relever à propos cette souche par une infusion de sang anglais ou oriental. En faisant mouvoir d'une main habile ces éléments d'équilibre, on est toujours certain d'éviter l'excès du système lymphatique comme celui du système nerveux ; on aura toujours des chevaux bien développés, bien corsés, ayant de la taille et de la distinction, de l'énergie et de la résistance.

Nous terminons en exprimant le vœu que l'administration des haras continue à encourager par des primes, comme elle le fait, la conservation dans le pays des meilleures poulinières, qui, sans cela, seraient vendues à six ans ; qu'elle continue également à encourager ceux des étalons particuliers qui sont le plus faits pour donner l'étoffe. Nous ne demandons nullement, au contraire, qu'elle cherche à établir l'étalon de sang entre les mains d'étalonniers peu fortunés. Nous désirons qu'elle-même fournisse toujours un bon gros cheval dans chaque station, afin qu'il soit le père des étalons particuliers. Mais nous aimons surtout à compter sur elle pour l'étalon de haute distinction. Cet élément délicat ne peut offrir de profit ni de garantie qu'entre ses mains. Nous voulons que l'étalon de prix soit franchement présenté par l'administration à titre de sacrifice, de subvention ; caractère inévitable dans l'état de notre production. Tous les tours de force, toutes les fictions (par primes, encouragements, etc.) pour faire paraître cet étalon profitable aux mains d'un particulier nous semblent suspects.